平均分,才公平

除法运算

贺 洁 薛 晨◎著　乌鹤冉◎绘

数学的
萌芽

北京科学技术出版社

　　每年秋天，学校都会组织秋游。

　　今年，鼠老师和鼠宝贝们经过激烈的讨论，决定乘火车去绿地公园。

　　早上 7 点钟，大家按照约定在火车站集合。"大家先自己分一下组，9 位同学要分成 3 组。"鼠老师说。

　　"谁愿意和我一组？"很快，学霸鼠一组有了4位组员。
　　"那我和勇气鼠、美丽鼠一组！"懒惰鼠慢悠悠地说。
　　"那现在我们这一组只有2位组员了。每组组员的数量
不一样，这样不公平。"倒霉鼠说。

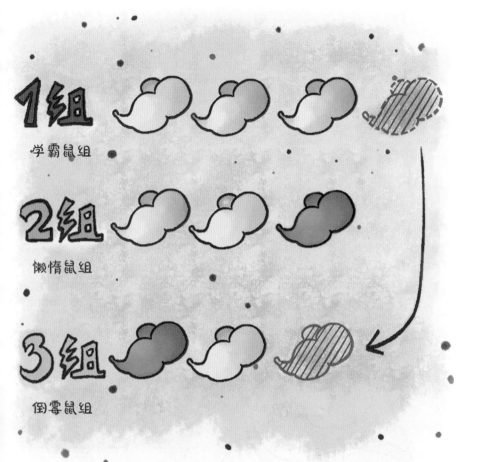

这可怎么办？大家你看看我，我看看你。学霸鼠观察了一下现在的分组情况，请自己组里的捣蛋鼠加入了倒霉鼠组。现在，每组都有 3 位组员了！

　　"你们刚才这种使每组人数一样多的分法，就叫作'平均分'！"鼠老师看着同学们分好组后，高兴地说。

　　"噢！'平均分'可以使每组人数一样多，这样很公平，真好！"倒霉鼠拍手称赞。

　　分组成功，出发！大家坐在车厢里开心地欣赏着窗外的景色。为了避免旅途无聊，鼠老师还给同学们带了 12 本漫画书。倒霉鼠负责把这些漫画书分给 3 组同学。

该怎么分才公平呢？倒霉鼠一时犯了难。这时，美丽鼠从书包里掏出纸和笔，写出分书的方法。

第1次，给每组各发1本书，发出3本，还剩9本。

第 2 次，给每组再各发 1 本，还剩 6 本；第 3 次，每组再各发 1 本，还剩 3 本；第 4 次，每组再各发 1 本，正好发完！

	学霸鼠组	懒惰鼠组	倒霉鼠组
第 1 次	📁	📁	📁
第 2 次	📁	📁	📁
第 3 次	📁	📁	📁
第 4 次	📁	📁	📁

把 12 本书平均分给 3 组，可以 1 本 1 本地分。

这样分确实能够保证公平，但这样真累呀！

途中，大家有时聊聊天，有时看看书。懒惰鼠把胖乎乎的手伸进背包，取出妈妈烤的柠檬饼干。这时，他忽然想起妈妈说过要学会分享。

　　懒惰鼠先拿了 2 块饼干递给鼠老师，车厢里飘着柠檬的香味……然后，他数了一下，还剩 18 块。

　　懒惰鼠忽然想起早上分组的事，要是每位同学分到的饼干不一样多，多不好呀！所以，他决定：平、均、分！

"如果先给每位同学分 1 块饼干，一共分出去 9 块。剩下 9 块，还够每位同学再分 1 块。这样的话，每位同学都有 2 块饼干！"懒惰鼠嘀咕着。

$$18 \div 9 = 2$$

被除数　　除号　除数　　　　商

鼠老师听到了懒惰鼠的嘀咕，在车窗上写下一个除法算式，这个算式表示"将 18 块饼干平均分给 9 位同学，每位同学分到 2 块饼干"。这个算式能直接算出每位同学能分到几块饼干。

终于到绿地公园了，大家兴奋地向门口跑去。公园门口的长颈鹿阿姨却晃了晃长脖子，把大家拦在了门外。

"还没买门票呢！"懒惰鼠在后面提醒大家。

"我这里有20元，可以买几张门票呢？"鼠老师问大家。

$$20-2-2-2-2-2-2-2-2-2-2=0$$

$$20 \div 2 = 10$$

学霸鼠在本子上写写算算后，喊道："10张票！这个时候就要用除法计算！"

买好票后，大家终于进了公园。

　　公园里最吸引游客的是 VR 体验馆。鼠老师、鼠宝贝们再加上前面排队的游客一共有 15 位。VR 眼镜只有 5 副，一次只能供 5 位游客同时体验。如果给排队的游客分分组，能分几组呢？学霸鼠在脑海里画了一条数轴。

$$(3) \times 5 = 15$$

（三）五十五

$$15 \div 5 = (\quad)$$

　　懒惰鼠有自己的懒办法，他想到了"三五十五"。没错，就是乘法口诀。之前学的乘法口诀，不仅能用来算乘法，也可以在除法中求商。

　　大家很快算出答案，排着队进去了。"哇，我看到 8
只猫头鹰！"美丽鼠跟大家分享。

　　"你们看，那里还有 4 只鹦鹉！"勇气鼠也非常兴奋。

共 4 只

共 8 只

将每 4 只看作一份。

　　"咦！有趣。如果将 4 只鹦鹉的数量看作 1 份，那么猫头鹰的数量就是 2 份。"学霸鼠又开始在本子上写写画画。

　　鼠老师点点头："没错，像这样的情况，也可以说猫头鹰的数量是鹦鹉的 2 倍！"

　　除了 VR 体验馆，公园里还有很多好玩儿的呢！

　　学霸鼠的小组发现了 3 只蝴蝶，懒惰鼠的小组发现了 6 只蜻蜓。

　　倒霉鼠呢？他们组全力以赴，找到了 8 只瓢虫。唉，只可惜，还没等找到第 9 只，太阳就落山了……

分一分，除一除

读完故事，你一定知道怎么做除法了吧？请你回顾一下故事，写出对应的除法算式。

把 9 位同学平均分成 3 组

1组
2组
3组

□ ÷ □ = □

把 12 本书平均分给 3 组

	学霸鼠组	懒惰鼠组	倒霉鼠组
第1次			
第2次			
第3次			
第4次			

□ ÷ □ = □

把 18 块饼干平均分给 9 位同学

□ ÷ □ = □

每张门票 2 元，20 元可以买几张门票？

20 - 2 - 2 - 2 - 2 - 2 - 2 - 2 - 2 - 2 - 2 = 0

□ ÷ □ = □

VR 体验馆有 5 副 VR 眼镜，每次 5 位游客同时体验。现有 15 位游客，如果让游客分组体验，全部游客可以分几组？

0   5   10   15

15 - 5 - 5 - 5 = 0

□ ÷ □ = □

（三）五十五

□ ÷ □ = □